AF402347

LA DIFFICULTÉ VAINCUE,

OU

LA MEILLEURE

APPROXIMATION,

Essai géométrique d'un Quadraturomane, ignorant absolument l'Algebre.

Il faut, en géométrie, réserver ses efforts pour trouver ce qui n'a point encore été résolu.

ENCYCLOP. *verb.* EXPÉRIMENTAL.

A AMSTERDAM.

M. DCC. LXXXI.

AVANT-PROPOS.

1. $\mathbf{C}$HACUN ici bas voit & raifonne comme il eft affecté.

2. On ne doit pas attendre d'un Quadraturo-mane qu'il penfera & parlera bien fenfément.

3. Que ceux donc qui liront cet effai, fi tant eft que perfonne le life, ne s'étonnent pas d'y trouver des idées bizarres, peut-être même extravagantes.

4. L'épithete que prend l'auteur doit lui fervir de brevet d'indulgence.

NOUVEL ESSAI

SUR LA QUADRATURE.

5. La quadrature du cercle confiste à trouver un quarré dont l'étendue foit parfaitement la même que celle d'un cercle donné.

6. Depuis plus de deux mille ans les Mathématiciens courent après la folution de ce problême.

7. Les plus habiles, les plus célebres d'entre eux, fe font fatigués en vain à ce fujet.

8. Défefpérés de ne pouvoir atteindre le but defiré, ils ont eu la force d'avouer leur impuiffance.

9. Mais, pour que la poftérité ne perdît pas le fruit de leurs travaux, ils fe font fait un mérite de s'exercer à qui en approcherait le plus.

10. Voilà ce qui a produit ce que l'on appelle des APPROXIMATIONS.

11. On eft parvenu à faire des chofes étonnantes, merveilleufes, incomparables, à cet égard.

12. Entre autres nous avons une de ces approximations fi approchante, que, quand même, nous dit-on :

13. Quand même un cercle aurait pour diametre une étendue mille millions de fois plus grande que la diftance du foleil à la terre, l'erreur fur la circonférence ferait mille millions de fois plus petite que l'épaiffeur d'un cheveu.

14. A la vue d'un tel chef - d'œuvre nous sommes tentés de nous écrier mille millions de fois :

15. O profondeur de l'esprit humain !

16. En effet, quel calcul ! ou plutôt, quel abîme ! L'entrée seule de ce gouffre présente un effrayant assemblage de 127 chiffres marchant immédiatement à la suite l'un de l'autre : quantité si grande que la parole manque pour dire l'énorme somme qu'elle représente ! Que serait-ce donc si l'on tentait de pénétrer plus avant ?

17. Mais restons-en là.

18. Bien convaincus que, quand, au lieu de cent vingt sept chiffres, on en joindrait ensemble mille, dix-mille, mille millions même, tout cela ne serait rien encore.

19. Hercule put espérer de voir la fin de ses travaux : ce travail-ci est vraiment l'occupation des Danaïdes.

20. A quoi bon d'ailleurs s'enfoncer davantage dans un tel précipice ?

21. Ce qu'on en a tiré est plus que suffisant « pour « satisfaire aux besoins les plus recherchés des arts. »

22. Il est d'un esprit raisonnable de savoir s'arrêter à propos ;

23. Et il le doit d'autant mieux ici, qu'il est absurde de chercher la quadrature par le moyen des approximations.

24. Elle est impossible de cette maniere, parceque l'objet des approximations est de trouver ce qui n'existe point ;

25. Savoir, un rapport numérique exacte ntre la circonférence & le diametre :

26. Rapport qui n'est pas moins une chimere, que celui qu'on prétendrait trouver entre le périmetre d'un quarré & sa diagonale ; ou bien entre les deux côtés égaux de l'isocele rectangle & son hypothénuse.

27. Cependant, de ce qu'il n'y a nul rapport numérique entre la circonférence & le diametre, il ne s'en suit pas que le cercle soit à jamais immensurable.

28. Prenons d'abord une idée nette du mot mesurer.

29. Mesurer, c'est comparer deux étendues, pour savoir dans quelle proportion elles sont l'une à l'égard de l'autre ;

30. C'est-à-dire, pour savoir si l'une des deux est plus grande ou plus petite que l'autre.

31. Examinons ensuite quelles étendues sont susceptibles d'entrer ainsi en comparaison.

32. Nous appercevrons facilement qu'elles le sont toutes, sans distinction ; pourvu qu'elles soient limitées.

33. Or, qu'est-ce qu'un cercle, si ce n'est une étendue limitée, aussi-bien que le quarré ?

34. Le cercle est donc mensurable, puisque le quarré l'est sans contredit.

35. Leur forme est différente, à la vérité ; mais ils n'en sont pas moins des étendues limitées :

36. Des étendues par conséquent susceptibles de comparaison :

37. Et cela, parceque néceffairement elles font plus grandes ou plus petites l'une que l'autre :

38. A moins qu'elles ne foient égales ;

39. Ce qui encore ne fe peut affirmer qu'après les avoir comparées.

40. Donc la quadrature du cercle eft chofe poffible en foi ; finon d'une poffibilité arithmétique, certainement au moins d'une poffibilité géométrique.

41. Car il eft en foi poffible & très poffible qu'un cercle & un quarré foient parfaitement égaux, comme il arrive immanquablement toutes les fois qu'il y a un défaut abfolu de plus ou de moins entre leurs grandeurs ou étendues refpectives.

42. Mais comment favoir jamais que cette égalité a lieu, fi l'arithmétique nous refufe fon fecours ?

43. Comment ?... Et comment donc favons-nous quand un *troifangle* équilatéral & un quarré font égaux ?

44. L'arithmétique alors ne nous abandonne-t-elle pas ?

45. Ne nous abandonne-t-elle pas encore abfolument lorfque nous voulons favoir fi l'étendue d'un quarré eft précifément moitié de celle d'un autre quarré ?

46. Il ne faut donc pas tout attendre de l'arithmétique.

47. Nous fommes trop accoutumés à confondre les fervices qu'elle nous rend avec ceux que nous tenons de la géométrie.

48. Ces deux fciences font propres à marcher le plus fouvent enfemble.

49. Mais, dans certains cas, elles fe quittent, & femblent n'avoir plus rien de commun;

50. Ce qui fe rencontre notamment en ce qui concerne la quadrature.

51. Néanmoins il eft probable & *plus que probable* qu'à force de recherches nous parviendrons enfin à la découvrir.

52. Mais ce ne fera jamais que par un procédé purement géométrique.

53. Ce point fuffifamment éclairci, je ne penfe pas qu'il faille s'amufer long-temps à examiner fi la folution du problême dont je m'occupe ici eft chofe utile ou non.

54. Mettre en fait qu'*Il n'eft point de vérité inutile en géométrie*, c'eft en dire affez à ce fujet.

55. D'ailleurs fi d'aventure il arrive que j'aie le bonheur de toucher le but defiré, l'utilité de la chofe, fur laquelle je n'ai aucun doute, ne manquera pas de fe manifefter d'elle-même.

56. Il vaut donc mieux s'occuper du foin de réuffir que de tout autre.

57. Hâtons-nous d'ajouter quelques obfervations à celles qui précedent, pour mettre enfuite efficacement la main à l'œuvre.

58. Le cercle entre autres propriétés poffede celle-ci; qu'il n'eft aucune figure angulaire-rectiligne-équilaté-

rale qu'on ne puisse y inscrire ; & qu'il n'en est aucune non plus qu'on ne puisse lui circonscrire.

59. Soit donc un *troisangle* équilatéral inscrit à un cercle donné d'une étendue déterminée ; telle que celle d'un pouce de rayon, par exemple : & soit un autre *troisangle* circonscrit au même cercle.

60. Soit pareillement un quarré inscrit à un autre cercle de même étendue : & soit enfin un autre quarré circonscrit au même cercle.

61. Que l'on compare après cela, simplement à la vue, ces deux sortes de multangles au cercle servant à les inscrire & circonscrire.

62. Il sera très facile de juger que les inscrits sont plus petits que le cercle ;

63. Et que les circonscrits sont plus grands.

64. Que, non content de cette première comparaison, l'on passe à une autre ; savoir, à celle des deux inscrits entre eux : on reconnaîtra alors que l'étendue du quarré est plus grande que celle du *troisangle*.

65. Puis à celle des deux circonscrits : on saura alors aussi que l'étendue du quarré est plus petite que celle du *troisangle*.

66. De là il est aisé de conclure :

67. 1°. Qu'un *cinquangle*, circonscrit aussi au même cercle, serait encore plus petit qu'un *quatrangle* ou quarré ;

68. Un *sixangle* plus qu'un *cinquangle* ;

69. Un *septangle* plus qu'un *sixangle*.

70. Et ainsi de suite, toujours en diminuant, jus-

qu'à ce que le nombre des angles foit tel qu'on ne puiffe plus l'augmenter méchaniquement; c'eft-à-dire l'augmenter autrement qu'en idée.

71. Et 2°. qu'un *cinquangle* infcrit auffi au même cercle ferait plus grand qu'un *quatrangle*;

72. Un *fixangle* plus qu'un *cinquangle*;

73. Un *feptangle* plus qu'un *fixangle*.

74. Et ainfi de fuite, toujours en augmentant, jufqu'à ce que le nombre des angles foit tel qu'on ne puiffe plus l'augmenter méchaniquement; c'eft-à-dire l'augmenter autrement qu'en idée.

75. Alors les angles difparaiffent.

76. Le périmetre du multangle infcrit & celui du circonfcrit fe confondent enfemble, & avec la circonférence du cercle en même temps.

77. Alors en outre ces multangles deviennent égaux l'un à l'autre, en même temps qu'ils le deviennent auffi au cercle, avec la circonférence duquel leurs périmetres fe confondent pareillement.

78. Alors enfin s'évanouit la différence d'étendue.

79. Au moins devient-elle imperceptible à nos fens.

80. Et l'on peut dire qu'elle n'exifte plus que dans l'imagination.

81. D'où il fuit que le cercle eft toujours, relativement à fon étendue, à une diftance moyenne de l'étendue des figures qui lui font infcrites & circonfcrites, lorfqu'elles font femblables entre elles.

82. Au moyen de quoi, nous voilà actuellement au fait de ce que nous avons à faire pour réuffir.

83. C'eſt un quarré que nous cherchons, de grandeur moyenne entre celle du quarré inſcrit, & celle du
quarré circonſcrit.

84. C'eſt un *troiſangle* que nous cherchons pareillement, de grandeur moyenne auſſi entre celle du *troisangle* inſcrit & celle du *troiſangle* circonſcrit.

85. Ce *troiſangle* & ce quarré de grandeur moyenne
doivent être égaux au cercle. S'ils le ſont en effet, il
eſt très certain qu'ils le ſeront auſſi entre eux.

86. Avec la plus parfaite confiance, je pars de ce
raiſonnement comme d'un point fixe.

87. J'opere donc.

88. J'arrive par deux voies différentes au réſultat,
objet de mes recherches.

89. Et je chante victoire !

90. Mais je ne veux pas me réjouir ſeul de la diffi-
culté vaincue.

91. J'aurais réuſſi en pure perte ſi je ne m'empreſ-
ſais pas de communiquer à ceux qui voudront bien y
prendre part au moins l'un des deux procédés qui
m'ont heureuſement conduit au port.

92. Je choiſis pour cela celui qui me paraît le plus
ſimple & le plus commode.

93. Mais, avant de l'expoſer, il me reſte encore un
mot d'obſervation à faire.

94. Les rayons du cercle ſont tous parfaitement
égaux.

95. Et ils ne peuvent pas ne pas l'être, parceque
les points de la circonférence ſont tous, ſans aucune

(13)

distinction, à une distance parfaitement égale du centre.

96. Dans le quarré, au contraire, les rayons seuls directement opposés l'un à l'autre sont égaux.

97. Tous les autres different entre eux;

98. Augmentant ou diminuant de longueur, selon que les points du périmetre auxquels ils se terminent sont plus ou moins éloignés des angles périmétriques, ou du point-milieu de l'un des côtés.

99. Par cette raison, il est nécessaire de distinguer, par des noms particuliers, les différentes sortes de rayons du quarré.

100. Les uns, & ce sont les plus longs, coupent les angles en deux portions égales, allant se terminer au sommet de chacun d'eux.

101. Il y en a quatre de cette espece dans un quarré.

102. Et ils sont tous parfaitement égaux entre eux.

103. On les appellera rayons *sectangulaires*.

104. Les autres, & ce sont les plus courts, coupent les côtés aussi en deux portions égales, allant se termi-ner précisément au point-milieu de chacun d'eux.

105. Il y en a pareillement quatre de cette espece dans un quarré.

106. Et ils sont tous aussi parfaitement égaux entre eux.

107. On les appellera rayons *sectilatéraux*.

108. Enfin à l'égard de tous les autres, dont le nom-bre ne se peut déterminer, on les appellera indistinc-tement rayons *intermédiaires*.

109. Actuellement il faut en venir au procédé.

110. Le voici.

111. 1°. Prendre une moyenne proportionnelle entre la longueur de l'un des rayons *sectilatéraux* du quarré inscrit & celle de l'un des rayons *sectilatéraux* aussi du quarré circonscrit.

112. L'on obtient, comme l'on sait, cette moyenne proportionnelle en faisant un diametre de cercle de la totalité des deux longueurs inégales, immédiatement réunies l'une à l'autre;

113. Et en élevant sur ce diametre, au point de jonction des deux longueurs inégales réunies, une perpendiculaire jusqu'à la circonférence immédiatement.

114. Cette moyenne proportionnelle obtenue;

115. 2°. Du point qui divise, en deux portions parfaitement égales, le diametre mentionné au n°. 112 ci-dessus, élever une deuxieme perpendiculaire aussi jusqu'à la circonférence.

116. Ces deux perpendiculaires au diametre sont nécessairement paralleles entre elles.

117. Cela fait,

118. 3°. Du point du diametre auquel commence à s'élever la perpendiculaire du n°. 113, tirer obliquement une ligne droite, laquelle aille se terminer précisément au même point auquel se termine la perpendiculaire du n°. 115.

119. Cette ligne oblique est ce que nous appellerons ici rayon *quadrateur*; ou autrement, si l'on veut, rayon *équateur*:

120. Rayon deſtiné à devenir l'un des *ſectilatéraux* du quarré cherché dont eſt parlé au nº. 83 ; lequel quarré doit être égal au cercle donné.

121. Il ne s'agit donc plus que de conſtruire ce quarré.

122. A l'égard du *troiſangle* l'opération eſt la même ;

123. Excepté qu'avant tout il faut réduire, géométriquement & ſéparément, l'un & l'autre des *troisangles* inſcrit & circonſcrit, à un quarré qui ſoit égal à chacun d'eux ;

124. Et que la moyenne proportionnelle ſe prend entre l'une & l'autre des longueurs des rayons *ſectilatéraux* de chacun des quarrés égaux aux *troiſangles* inſcrit & circonſcrit ;

125. Et non point entre celles des rayons *ſectilatéraux* de chacun de ces mêmes *troiſangles* inſcrit & circonſcrit.

126. La ligne oblique que l'on tirera de la maniere indiquée au nº. 118 ſera ici le rayon équateur deſtiné à devenir l'un des *ſectilatéraux* du *troiſangle* cherché, & dont eſt parlé au nº. 84.

127. Cela fait, il faut conſtruire ce *troiſangle.*

128. Que, par un procédé géométrique, on compare actuellement ce *troiſangle* au quarré dont eſt parlé aux nºˢ. 83, 120 & 121, on trouvera que ces deux figures ſont égales entre elles :

129. Egales par conſéquent l'une & l'autre au cercle donné d'un pouce de rayon, dont eſt parlé au nº. 59.

130. Partant le problême eſt parfaitement réſolu.

Nota. Peut-être est-il besoin de rendre sensible à la vue le contenu en cet essai, depuis le n°. 101 inclusivement jusques & compris le n°. 120.

Pour ne rien laisser desirer à cet égard, on va donner un diagramme, avec un mot d'explication des différentes parties d'icelui.

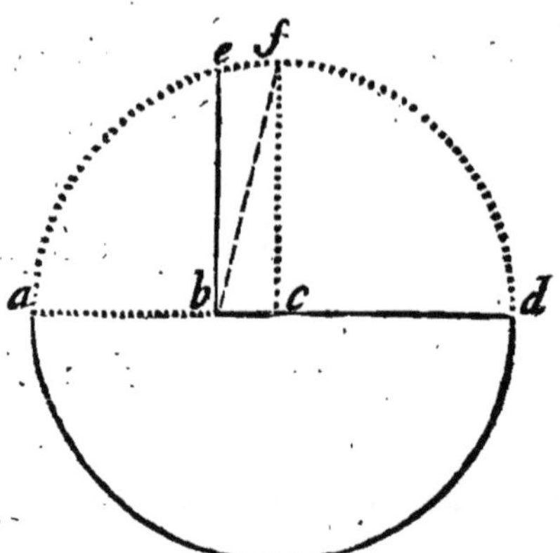

a d est le diametre dont est parlé n°. 112.

a b est le rayon sectilatéral du quarré inscrit au cercle donné n°. 60.

b d est le rayon sectilatéral du quarré circonscrit au même cercle.

b e est la moyenne proportionnelle entre l'un & l'autre des deux rayons ci-dessus :

Et en même temps la perpendiculaire dont est parlé n°. 113.

c f est la perpendiculaire du n°. 115.

b f est la ligne oblique mentionnée au n°. 118 :

Laquelle est le rayon quadrateur ou équateur dont est parlé n°. 119.

Il est bien entendu, sans doute, qu'en ce qui concerne le *troisangle*, il ne faut chercher la moyenne proportionnelle qu'entre la longueur de l'un des sectilatéraux du quarré égal au *troisangle* inscrit, & celle de l'un des sectilatéraux du quarré égal au *troisangle* circonscrit ; mais qu'après cela l'opération est parfaitement la même que celle relative au quarré.

F I N.